高空气象观测业务质量考核办法

中国气象局

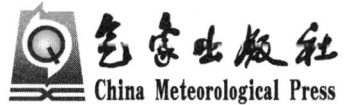

图书在版编目(CIP)数据

高空气象观测业务质量考核办法/中国气象局主编．
北京：气象出版社，2010.12
ISBN 978-7-5029-5088-0

Ⅰ.①高… Ⅱ.①中… Ⅲ.①高空-气象观测-质量管理 Ⅳ.①P412.2

中国版本图书馆 CIP 数据核字(2010)第 225124 号

出版发行：气象出版社	
地　　址：北京市海淀区中关村南大街 46 号	邮政编码：100081
总 编 室：010-68407112	发 行 部：010-68409198
网　　址：http://www.cmp.cma.gov.cn	E-mail：qxcbs@cma.gov.cn
责任编辑：李太宇	终　　审：周诗健
封面设计：詹　辉	责任技编：吴庭芳
责任校对：赵　瑗	
印　　刷：北京京科印刷有限责任公司	
开　　本：880mm×1230mm　1/16	印　　张：1
字　　数：31 千字	印　　数：1～3000
版　　次：2010 年 11 月第 1 版	印　　次：2010 年 11 月第 1 次印刷
定　　价：6.00 元	

本书如存在文字不清、漏印以及缺页、倒页、脱页等，请与本社发行部联系调换

前　言

随着气象现代化进程和电子技术的发展，L 波段高空气象观测系统、卫星导航定位系统等新型高空气象观测系统陆续投入业务使用。为了更好地发挥新型观测系统的作用，在总结中国气象局《高空气象观测业务质量考核办法（试行）》试行经验的基础上，结合新型观测系统的原理和特点，结合世界气象组织《气象仪器和观测方法指南》（第六版）（世界气象组织，2005 年）的技术要求，对原试行版考核办法进行了修订和完善，编制出本考核办法。本考核办法与《高空气象观测业务质量考核办法（试行）》之间具有连续性和继承性。

本考核办法的修改和解释权属中国气象局。

本考核办法由中国气象局气象探测中心组织编写，刘凤琴、陈益玲、许正旭、张宇、郭启云、杜晓斌、侯维峰、孙宜军、奉超等参加编写。

编者
2010 年 11 月

目 次

前 言

一、考核目的 ··· 1

二、考核要求 ··· 1

三、考核内容 ··· 1

四、观测质量统计规定 ··· 2

五、综合业务评分(高空气象观测业务指数) ··· 5

六、高空气象观测业务质量报送规定 ·· 7

七、附表 ··· 7

高空气象观测业务质量考核办法

高空气象观测业务质量考核办法(以下简称考核办法),是对高空气象观测台站业务质量和观测业务人员"德、能、勤、绩"进行量化考核的主要方法之一。本考核办法适用于L波段二次测风雷达—电子探空仪系统、卫星导航定位探空系统等常规高空气象观测系统,是对高空气象观测前期准备、观测操作、数据处理、设备保障等全过程的业务质量考核,并规定了具体的考核指标及统计要求,是高空气象观测台站及各级业务管理部门进行业务质量评价的依据。

一、考核目的

进行高空气象观测业务质量考核的目的,是为了充分调动高空气象观测业务人员工作的积极性,促进其业务技术水平的不断提高,从而保证我国高空气象观测业务的质量。

二、考核要求

(一)高空气象观测业务台站和个人,在进行常规高空气象观测时,均应严格按照本考核办法进行观测业务质量考核。

(二)业务质量考核要本着公平、公开的原则,坚持实事求是的科学态度,严禁弄虚作假。

(三)台站要按照统一的业务质量统计报表格式(见附表5),逐项统计填报台站和个人业务质量,并作为台站业务档案保存。

(四)按照奖优惩劣、奖勤罚懒的原则,业务质量考核可与各地制定的奖惩制度挂钩。

三、考核内容

高空气象观测业务质量考核以观测质量、探空平均高度、测风平均高度、重放球和系统故障五项内容为考核指标,具体统计方法和达标标准如下:

(一)观测质量

观测质量分为台站观测质量和个人观测质量两部分,是对高空气象观测业务规范化的综合考评,用考核统计时段(月、季度、半年、年等)内,高空气象观测业务所出现的各类错情总和与所获取的工作基数总和的千分比表示,即错情率,统计时保留两位小数。

达标标准:错情率≤3.00‰。

(二)探空平均高度

探空平均高度是指考核统计时段(月、季度、半年、年等)内,探空终止高度的平均值,单位:米,取整数位。

达标标准:

GCOS台站:探空平均高度≥30000 m(米);

非GCOS台站:探空平均高度≥26000 m。

(三)测风平均高度

1. 综合测风平均高度

综合测风平均高度是指考核统计时段(月、季度、半年、年等)内,综合测风终止层量得风层海拔高度的平均值,单位:m,取整数位。

达标标准:

GCOS 台站:综合测风平均高度≥28000 m。

非 GCOS 台站:综合测风平均高度≥24000 m。

2.单独测风平均高度

单独测风平均高度是指考核统计时段(月、季度、半年、年等)内,单独测风终止层量得风层海拔高度的平均值,单位:m,取整数位。

达标标准:单独测风平均高度≥18000 m。

(四)重放球

重放球是指某次常规观测未达到规范要求高度而必须进行的再观测。重放球应在正点放球后75分钟内进行,分为非人为重放球和人为重放球。非人为重放球是指因台风过境、大风(风速 14 m/s 或以上)、暴雨、暴风雪、无法及时恢复的雷达故障、传感器变性、雷击等原因造成的重放球;其他原因造成的重放球均为人为重放球。

重放球率是指统计时段(月、季度、半年、年等)内,人为重放球和非人为重放球总次数与综合观测总次数的千分比。

达标标准:全年重放球次数≤6次,即重放球率≤8.3‰。

(五)系统故障

系统故障是指因观测系统主要设备(雷达、基测设备、计算机、制氢设备、发电设备等)发生故障而造成记录缺失、重放、迟测、启用备份设备进行观测等事件。

系统故障率是指统计时段(月、季度、半年、年等)内,系统发生故障总次数与总观测次数的千分比。系统故障率只考核台站。

达标标准:全年系统故障次数<11次,即系统故障率<15‰。

四、观测质量统计规定

(一)工作基数和错情统计

1.每次观测按一份工作基数、一份错情统计。

2.个人每班次工作基数按照附表1查算;个人月报表制作基数按照附表3查算;雷达与经纬仪对比观测工作基数按照附表4查算。

3.台站月工作基数按照附表2查算;台站月报表制作基数按照附表3查算;台站雷达与经纬仪对比观测工作基数按照附表4查算。

4.凡重放球,统计有效记录(指实际发报或编制月报表的记录)的值班工作基数。

5.个人错情包括在工作中发生的各类错情,如校对、预审及上级业务主管部门检查发现并查证的错情。

6.台站错情指台站无法更正的出站错情,包括:

(1)伪造、涂改、记录缺测、人为重放球、台站漏传迟传和误传数据文件、施放不合格仪器、人为早迟测、台站系统性错误等;

(2)台站应当承担的其他错情,如报表错情、仪器设备维护错情等。

7.个人参加高空气象观测工作,应如实统计工作基数和错情,并按下式计算统计时段内的个人观测质量。

$$个人观测质量 = \frac{\sum 个人错情个数}{\sum 个人工作基数} \times 1000‰$$

8.台站应如实统计工作基数和错情,并按下式计算统计时段内的台站观测质量。

$$台站观测质量 = \frac{\sum 台站错情个数}{\sum 台站工作基数} \times 1000‰$$

(二)错情计算

1. 伪造涂改记录

伪造记录是指根本没有进行观测而凭空捏造的记录。涂改记录是指为了掩盖观测中出现的错误,而涂改(含采用工具软件)原始观测记录、报文等,使记录失去客观真实性。

(1)次数

某次观测伪造、涂改记录,台站与个人均统计一次。

(2)错情个数

一次伪造涂改记录,个人统计 30 个错情,若能挽回记录,台站可不统计错情,否则台站也统计 30 个错情。

2. 记录缺测

记录缺测是指某次观测完全未进行;或虽进行观测,但未获得探空(或测风)资料(探空没有观测到本站最低规定等压面的资料或测风没有观测到本站最低一个规定高度层风的资料);或观测超过规定所允许的最迟放球时间。

因突发自然灾害或极端恶劣天气等不可抗力造成记录缺测,属非人为记录缺测。

(1)次数

某次观测记录缺测,台站和个人均统计 1 次。

(2)错情个数

某次观测由于人为原因造成探空资料缺测,则台站和个人均统计 30 个错情;测风资料缺测,则台站和个人均统计 20 个错情。

(3)非人为原因造成记录缺测,台站和个人不统计错情。

3. 重放球

(1)次数

某次观测未达到规范要求的高度,而在规定时间内一次或多次重放球,台站和个人均统计重放球 1 次。

(2)错情个数

高空综合观测凡人为重放球一次,台站和个人均统计 5 个错情;雷达单独测风人为重放球一次,台站和个人均统计 3 个错情。

4. 施放不合格仪器

施放不合格仪器是指施放了基值测定不合格的探空仪,或用错探空仪参数文件等。

(1)次数

① 若在规定的时间内重放球,则台站和个人均按照人为重放球统计次数;

② 若造成整份记录作废,则台站和个人均按照记录缺测统计次数;

③ 若造成部分记录作废,则台站和个人均统计不合格仪器次数一次。

(2)错情个数

① 在规定的时间内重放球,则台站和个人均按照人为重放球统计错情个数;

② 造成整份记录作废,则台站和个人均按记录缺测统计错情个数;

③ 若造成部分记录作废,可以使用的记录高度未达 500 hPa 统计 20 个错情;高度未达 100 hPa 统计 10 个错情;高度已达 100 hPa,或者未造成记录作废统计 5 个错情。值班工作基数按可使用的记录实际高度查取。

5. 早测、迟测和任意终止观测

早测是指在规定正点时间前开始进行观测。

迟测是指超过规定正点时间 5 min(分钟)以上开始进行观测。迟测分为人为迟测和非人为迟测,凡因人为原因未能做好放球前的准备工作而造成迟测,视为人为迟测。凡因台风、大风(14 m/s 及以上)、暴雨、暴风雪、雷达故障等原因而造成迟测,视为非人为迟测。

任意终止观测是指探空或雷达测风信号正常,而擅自停止接收、观测和处理记录。

(1) 次数

早测、人为原因迟测和任意终止观测,台站和个人均应统计次数。

(2) 错情个数

① 早测一次,台站和个人均统计 2 个错情;

② 人为迟测一次,根据以下规定统计错情个数:

迟测 6~30 min(例如:07:21~07:45),则台站和个人均统计 1 个错情;

迟测 31~60 min(例如:07:46~08:15),则台站和个人均统计 2 个错情;

迟测 61~75 min(例如:08:16~08:30),则台站和个人均统计 3 个错情。

③ 任意终止探空观测一次,台站和个人均统计 15 个错情;任意终止测风观测一次,则台站和个人均统计 10 个错情。

6. 漏发报

一次观测漏发数据文件(秒数据文件和状态文件)、全部或部分报文均属漏发报。漏发报,台站与个人均应分别统计一次。

漏发一份数据文件,台站与个人分别统计 2 个错情。

漏发 TTAA 报,台站与个人分别统计 5 个错情。

漏发一份其他报,台站与个人分别统计 3 个错情。

漏发全部报,台站与个人分别统计 20 个错情。

7. 错发报

错发报是指编发与本次观测不相符的报文和数据文件。

错发一份数据文件,台站与个人分别统计 2 个错情。

错发 TTAA 报,台站与个人分别统计 5 个错情。

错发一份其他报,台站与个人分别统计 3 个错情。

错发全部报,台站与个人分别统计 20 个错情。

8. 过时(逾限)报

发报时间超过规定所允许的时限为过时报(08、20 时 TTAA 报超过 08:30、20:30;其他报(含数据文件)超过 10:00、22:00;02、14 时雷达测风报(含数据文件)超过 03:00、15:00 均为过时报;

观测报文(数据文件)全部过时或部分过时,台站与个人均只统计过时一次,并分别统计错情。

每发一份过时 TTAA 报,则统计 3 个错情;其他报和数据文件每发一份过时报,则分别统计 1 个错情。

由于迟放球,TTAA 报的发报时间按迟放球的时间顺延。但超过顺延时间发出的报,则算过时报。其他报文和数据文件必须在规定时间内发出,不予顺延,否则也按过时报处理。

9. 更正报

值班员在规定时间内编发更正报,每传送一份更正报台站与个人分别统计 0.5 个错情。对已编发更正报的错误记录不再统计错情(更正报时限分别为 03:30、10:30、15:30、22:30)。

预审员在规定的时间内编发更正报,只统计台站更正报的错情,对于值班员则按实际错情统计。

10. 系统错

系统错是指由于一处错误(如台站基本参数设置错误、计算机操作错误、计算机时间错误、值班员修改曲线有误或某气象要素数据错误等)导致观测记录结果出现多处错误。

系统错按影响范围统计错情,即按要素计算,影响一个发报要素统计 1 个错情,一个非发报要素统计 0.5 个错情,最多统计 10 个错情。台站与个人分别统计错情。

台站基本参数设置错误,只统计台站错情。每个时次影响一个发报要素统计 1 个错情,一个非发报要素统计 0.5 个错情,最多统计 10 个错情。每月最多统计 30 个错情。

11. 操作错误

(1)观测操作不符合规范;读数错误;数据调用错误;计算机输入、输出错误,以气象要素为单位,如温度、气压、相对湿度、露点温度、高度、风向、风速、空间定位数据等,发报要素每错一个,台站与个人均统计 1 个错情;非发报要素每错一个,个人统计 0.5 个错情。最多统计 10 个错情。

(2)人为原因造成计算机原始数据丢失,每丢失 1 个时次的原始数据文件,台站和个人均应统计 15 个错情。

(3)湿度片未做高湿活化处理,台站和个人均统计 1 个错情。低湿干燥剂未按规定定期更换,台站统计 10 个错情。

(4)启动放球时间与施放时间不同步,使用放球时间订正功能,每次统计 1 个错情。

(5)计算机时钟与标准时误差超过 30 s(秒),每次统计 1 个错情。

(6)雷达故障未及时发现,造成观测数据错误,影响一个发报要素统计 1 个错情;影响一个非发报要素统计 0.5 个错情。最多统计 3 个错情。

12. 月报表

记录月报表每错、漏、多一个要素,统计 0.5 个错。统计计算项目每错一个,统计 1 个错。只统计基本错,不统计影响错。记录月报表打印不清晰或破损的,或未加盖公章等,每张报表台站和个人均统计 1 个错情。

记录月报表的制作没有按规定时间完成,每拖延 1 天,台站与个人均统计 1 个错,最多统计 10 个错情。

13. 气候月报和全月数据文件(G 文件)

气候月报应在次月 4 日 9:00 时(北京时)以前发出。迟发、更正报在每月 4 日 15:00 之前编发,台站与个人分别统计 0.5 个错情。漏发高空气候月报,台站与个人分别统计 3 个错情。

全月数据文件(G 文件)应在次月 10 日以前编发。迟发、更正和漏发全月数据文件(G 文件),台站与个人分别统计 3 个错情。

14. 其他错情

(1)探空或雷达测风高度未达 500 hPa(或 10 min)或 5500 m,且不具备重放条件,该次探测不作记录缺测处理,应将所获资料整理发报并制作月报表。站(组)与个人均应按前述考核办法的"四(二)"中施放不合格控空仪未达 500 hPa 的原则统计错情。

(2)因人为原因漏收、漏测造成部分记录失测,影响一个发报要素统计 1 个错情;影响一个非发报要素统计 0.5 个错情。最多统计 10 个错情。

(3)观测记录表、记录月报表的封面、值班日记等,凡规定填写而没有填写,或者填写错误。每错、漏 1 项,个人统计 0.1 个错情。

(4)雷达与经纬仪对比观测每缺测 1 次有效记录,台站和个人均统计 3 个错情。

(5)雷达因标定错误或维护不当存在系统偏差并影响观测记录的,台站按系统错统计错情。

(6)基测或检定设备超过检定日期、应急备份设备无法投入使用,台站统计 15 个错情。

五、综合业务评分(高空气象观测业务指数)

为了全面衡量高空气象观测台站的综合业务能力,更加客观地反映台站业务质量,对高空气象观测业务按照年度进行综合评分。综合评分由各省(区、市)气象局业务主管部门评定,中国气象局业务主管部门定期发布全国高空气象观测站网综合评分通报。综合评分暂不考虑雷达单独测风的高度和重放球指标,采用百分制计分方法。

(一)考核指标评分(共 60 分)

1. 观测质量(16 分)

计分方法(保留两位小数):实际得分=16-(错情率×1000)×2。若错情率≥8‰,则该项不得分。

2.探空平均高度(14分)

计分方法(保留两位小数):

(1)若探空平均高度≥28600 m(米)(GCOS站探空平均高度≥32600 m),得满分14分。

(2)若17000 m<探空平均高度<28600 m,则得分按下式计算:

实际得分=(探空平均高度-17000)×0.0012

GCOS站若21000 m<探空平均高度<32600 m,则得分按下式计算:

实际得分=(探空平均高度-21000)×0.0012

(3)若探空平均高度≤17000 m(GCOS站探空平均高度≤21000 m),则该项不得分。

3.测风平均高度(12分)

计分方法(保留两位小数):

(1)若测风平均高度≥27000 m(GCOS站测风平均高度≥31000 m),得满分12分。

(2)若15000 m<测风平均高度<27000 m,则得分按以下公式计算:

实际得分=(测风平均高度-15000)×0.001

GCOS站若19000 m<测风平均高度<31000 m,则得分按下式计算:

实际得分=(测风平均高度-19000)×0.001

(3)若探空平均高度≤15000 m(GCOS站测风平均高度≤19000 m),则该项不得分。

4.重放球率(10分)

计分方法:

(1)全年无重放球,得满分;

(2)重放球次数≤6次,每人为重放球1次,扣1分;

(3)重放球次数>6次,每人为重放球1次,扣2分;每非人为重放球1次,扣1分。

5.系统故障率(8分)

计分方法(保留两位小数):实际得分=8×(1-系统故障率×10)

(二)报文资料质量评分(共10分)

中国气象局相关业务部门通过台站上传的数据文件和报文,综合分析我国高空气象观测台站的观测质量,形成全国高空报文质量评估报告。"报文资料质量评分"以此评估报告为准。

计分方法(保留两位小数):

实际得分=高空报文质量评分/10

(三)探测环境评分(共10分)

探测环境未发生改变得满分。

若探测环境改变,盛行风下风方向±60°内每新增1处遮挡仰角大于2°的障碍物;或非盛行风下风方向每新增1处遮挡仰角大于5°的障碍物;或制(充)氢室25米范围内每新增1栋建筑物(不计高度),扣1分。

(四)仪器设备(10分)

凡出现以下情况者扣减相应分数:

1.仪器设备安装不符合业务规范和相关规定的要求,每项扣1分;

2.使用超检仪器或基本配置不齐备,每项扣1分;

3.雷达标定错误,每项扣2分;

4.未按期检查标校仪器设备,每项(次)扣0.5分;

5.人为原因造成仪器、设备损坏或丢失,视情节轻重,扣减2~10分。

(五)规章制度(10分)

各项业务规章制度执行到位得满分。

若出现违反规章制度或执行规章制度不到位的情况,视情节轻重,扣减2~10分。

(六)特殊加减分

1.特殊加分:以中国气象局发布通报为准,年度内获得"全国质量优秀测报员"称号的,每人(次)加0.1分。

2.特殊减分:

(1)台站出现重大差错或严重违章(指涂改伪造记录、制用氢伤人、丢失观测记录等),每项(次)扣减10分。

(2)凡出现人为缺测1次,扣减5分。

(3)凡出现施放不合格仪器、漏(错、迟)发数据文件,每次扣减1分。

注:除"特殊加减分"外,每项得分扣完为止,不得负分。

六、高空气象观测业务质量报送规定

(一)高空气象观测台站每月工作结束后,汇总本站和个人"高空气象观测业务质量统计表"于次月10日前报送省(区、市)气象局业务主管部门。

(二)各省(区、市)气象局业务主管部门分别于每年的12月15日前汇总上年度12月至本年度11月间的"高空气象观测业务质量统计表"报中国气象局;并于每年的1月20日前汇总上年度1月至12月间的"高空气象观测业务质量统计表"报中国气象局。

七、附表

附表1 高空气象观测探空、测风个人值班基数查算表
附表2 高空气象观测台站月工作基数查算表
附表3 各类高空气象观测记录报表基数查算表
附表4 雷达与经纬仪对比观测工作基数查算表
附表5 高空气象观测业务质量统计表

附表 1 高空气象观测探空、测风个人值班基数查算表

终止高度(m) 基数项目	3000及以下	3001~5500	5501~7000	7001~9000	9001~10500	10501~12000	12001~14000	14001~16000	16001~18000	18001~20000	20001~22000	22001~24000	24001~26000	26001~28000	28001~30000	30001~32000	32001~34000	34001~36000	36001及其以上
探空	6	7	8	9	10	11	12	13	14	15	16	17	18	19	20	21	22	23	24
雷达综合测风	6	7	7	7	8	8	9	9	10	11	12	13	14	15	16	17	18	19	20
雷达单独测风	6	7	8	8	9	9	10	10	11	12	13	14	15	16	17	18	19	20	21
经纬仪测风	6	7	7	7	8	8	9	9	10	11	12	13	14	15	16	17	18	19	20

注：某次观测因故只进行小球测风时，按照雷达单独测风查算基数。

附表 2 高空气象观测台站月工作基数查算表

终止高度(m) 基数项目	5500及以下	5501~7000	7001~9000	9001~10500	10501~12000	12001~14000	14001~16000	16001~18000	18001~20000	20001~22000	22001~24000	24001~26000	26001~28000	28001~30000	30001~32000	32001~34000	34001~36000	36001及其以上
探空						14000	16000	18000	20000	22000	24000	26000	28000	30000	32000	34000	36000	1464
						793	854	915	976	1037	1098	1159	1220	1281	1342	1403		
雷达综合测风				12000	14000	549	610	671	732	793	854	915	976	1037	1098	1159	1220	
					310	310	341	372	403	434	465	496	527	558	589	630	661	
雷达单独测风		217	248	248	279	279	310	341	372	403	434	465	496	527	558	589	630	
经纬仪测风		217						310	341	372	403	434	465	496	527	558	589	630

注：探空和雷达综合测风台站月工作基数以每日两次观测为准计算。雷达单独测风和经纬仪测风台站月工作基数以每日一次观测为准计算。

附表 3　各类高空气象观测记录报表基数查算表

项目	基数
高表—1	10
高表—2(规)	20
高表—2(特)	20
高表—10(气候月报)	10

注：表内基数为每月一个时次的报表基数。例：某站08、20时为综合观测，02时为雷达单独测风，则每站和个人分别统计10×3、20×2、20×2，若编发气候月报，每站和个人分别另增加10个基数。

附表 4　雷达与经纬仪对比观测工作基数查算表

项　目	个人基数	台站基数	备　　注
雷达与经纬仪对比观测(每次)	40	40	

附表 5 高空气象观测业务质量统计表（高表－21）

观测系统名称：　　　　　　　　　　　　　统计时段：　年　月　日－　年　月　日

单位：

台站名（个人姓名）	总施放次数	工作基数	错情	错情率‰	观测质量									探空高度		测风高度				重放球			系统故障		备注
					伪造涂改记录	人为缺测	非人为缺测	早测	人为迟测	非人为迟测	任意终止观测	施放不合格仪器	漏传报	错发报	过时报	更正报	平均高度(m)	次数	综合 平均高度(m)	综合 次数	单测 平均高度(m)	单测 次数	人为次数	非人为次数	重放球率‰	次数	系统故障率‰	
平均																												
合计																												